JANUSZ PODLECKI

WIELICZKA
DAS KÖNIGLICHE SALZBERGWERK

Das Salzbergwerk in Wieliczka ist zwar nicht so imponierend wie die ägyptischen Pyramiden, doch ist es nützlicher als sie und ist ein glorreiches Beispiel der Arbeitsamkeit der Polen...

Le Laboureur, 1647

SZYB DANILOWIC

SALZBERGWERK „WIELICZKA" – TOURISTENROUTE GmbH

JANUSZ PODLECKI

WIELICZKA
DAS KÖNIGLICHE SALZBERGWERK

Vorwort:
STANISŁAW ANIOŁ

„KARPATY"-VERLAG – ANDRZEJ LACZYNSKI
KRAKAU 1997

Seit Jahrhunderten wird jeder, der sich vom unterirdischen Labyrinth des Salzbergwerks von Wieliczka anlocken ließ, traditionsgemäß mit einem „Glück auf" begrüßt...

Über den einmaligen Reiz des Salzbergwerks entschied die Natur allein vor etwa 20 Millionen Jahren. Das Salzlager von Wieliczka ist nämlich ein Produkt der Verdunstung des Miozänmeeres. Die originelle geologische Struktur des Salzlagers: der Massivbau der oberen Schicht und die lagerförmige untere Schicht sind eine Folge der darauffolgenden Hebung von Karpaten. Im Salzbergwerk befindet sich außerdem das größte in der Welt mineralogische Objekt aus der Miozänzeit: die Kristallgrotten. 80m tief unter der Erde befinden sich natürliche Höhlen, die uns mit ihren wunderschönen Salzkristallen von 50 cm Kantenlänge entzücken. Die gegen Ende des XIX. Jhs entdeckten Grotten wurden zwar größtenteils ausgeraubt, (das größte Kristallgebilde aus Wieliczka, das beinahe eine Tonne schwer ist, befindet sich in Wien) machen jedoch trotzdem auf jeden Besucher einen uvergeßlichen Eindruck. Sie liegen 3 km von der unterirdischen Besichtigungsroute entfernt und befinden sich als eine der Hauptsehenswürdigkeiten des Salzbergwerks unter strengem Naturschutz.

Obwohl die Tradition der Salzgewinnung in der Umgebung der heutigen Stadt Wieliczka etwa 5000 Jahre alt ist und somit bis ins Neolitikum reicht, doch zeugen die archeologischen Funde der Menschensiedlungen bis zum XI. Jh. u.Z. von keinem außerordentlichen Reichtum der Einwohner dieses Gebietes. Eine rege Entwicklung der Siedlung fällt auf die Zeit zwischen dem XI. und XIII. Jh., wovon die Verleihung des Stadtrechts für Wieliczka im J. 1289 von dem Schlesisch-Krakauer Herzog Heinrich IV. Probus zeugt. Das Lokationsprivileg für die Stadt wurde im J. 1290 vom Herzog Przemysł auf der Grundlage des fränkischen Rechts bestätigt und erweitert.

Die Salzsiederei in Wieliczka mußte ziemlich intensiv getrieben werden, nachdem der Salzwasserbrunnen in der Nähe der heutigen Daniłowicza-Str. auf das XII. Jh. datiert wird. Höchstwahrscheinlich waren die Salzwasserquellen auf der Oberfläche bereits am Ende ihrer Kapazität, wodurch man gezwungen wurde, Salzwasserbrunnen zu graben, um Salzwasser aus der Tiefe zu schöpfen. Dieses Salzgewinnungsystem brachte wahrscheinlich die Entdeckung des Steinsalzes mit sich. Aus der zweiten Hälfte des XIII. Jhs stammt die älteste bereits bekannte und lokalisierte Goryszowski-Schacht, in der Steinsalz nach Bergbaumethoden abgebaut wurde. Seit dieser Zeit ringt man bis heute im Salzlager von Wieliczka gegen die Natur...

Die 700 Jahre alte Salzgrube von Wieliczka ist das Werk der einfachen Bergleute, der polnischen Herrscher und großen Wissenschaftler, es ist ein Beispiel der Entwicklung der Technik und der Arbeitsmethoden und es stellt gleichzeitig die Geschichte einer kleinen Gesellschaft dar, die im ersten industriellen Bergbaubetrieb Europas entstanden ist.

Das Salzbergwerk in Wieliczka befand sich immer im Besitz des Königs, der die Leitung der Grube in „treue Hände" anvertraute oder sie verpachtete. Der Salzverkauf brachte zur Zeit der Piasten und Jagellonen etwa 1/3 des königlichen Vermögens ein. In der Mitte des XIV. Jhs wurde von Kasimir dem Großen das Gewohnheitsrecht kodifiziert und die das „graue Gold" fördernden Bergleute bekamen ihre Rechte und Privilegien.

Das Salzlager und die Salzgrube mit ihren Geheimnissen und ihrem Reichtum wurden von den Bergleuten mühsam entdeckt und erobert. Die leeren Stellen, aus denen Salz bereits ausgeschöpft wurde, wurden mit Holz abgesichert; das Salzwasser im Inneren der Salzgrube wurde gesiedet und daraus wiederum Sudsalz gewonnen. Während der sieben Jahrhunderte ihrer Existenz wurden in der Salzgrube 7,5 Millionen m^3 Salz gefördert, was einem Güterzug mit der Länge von 1/5 des Äquators entsprechen würde.

Das Salzbergwerk besitzt 9 Sohlen, die erste reicht bis 64m und die letzte bis 327m tief in die Erde hinein. Die Gesamtlänge der Schachten beträgt beinahe 250km.

Mit Beharrlichkeit aber auch mit Demut förderten die Bergleute Salz, konstruierten Förderungsmaschinen und spannten Pferde zur Transportarbeit vor. Die Steinsalzfelsen wurden nach innen ausgehöhlt, während eine Schicht des Salzberges immer unangetastet blieb, damit sie den Druck des uralten Berges aushalten kann. Manchmal arbeiteten ganze Generationen an einem einzigen Salzstück.

Die Erfahrungen der Bergleute von Wieliczka waren im mittelalterlichen Europa weit bekannt. Doch war jedes Hinabsteigen ins Bergwerk riskant, die Arbeit sehr gefährlich, viele Bergleute kamen ums Leben und noch mehrere erlitten Körperschäden. Im XVI. Jh wurden jährlich etwa 10% der Bergleute verunglückt. Bereits 1363 ist in Wieliczka das Bergmannspital zum Hl. Geiste entstanden.

Wegen der gefährlichen Arbeit neigten die Bergleute mehr als andere Bevölkerungsschichten zur Frömmigkeit. Bis zum heutigen Tag wird an der Stelle, wo ein Bergmann ums Leben gekommen ist, ein Kreuz gestellt. Auch unter der Erde wurden Kapellen gebaut und heilige Messen gelesen. Nach dem Brand einer Kapelle im J. 1697 wurde von der königlichen Kommission verboten, die Kapellen mit leicht brennbaren Bildern und Skulpturen auszuschmücken. Paradoxerweise ist dadurch eine originelle Tradition der Salzskulptur entstanden, die im Bergwerk seit 300 Jahren gepflegt wird. Die Skulpturen wurden von den Bergleuten selbst im Salz gehauen. Das größte Werk solcher Amateurbildhauer ist die wunderschöne Sel.Kinga--Kapelle, die sich 101m unter der Erde befindet.

Der Tochter des ungarischen Königs Bela IV., der seliggesprochenen Kinga, wird in der Legende die Entdeckung des Salzlagers in Wieliczka zugeschrieben. Als sie den polnischen Herzog Boleslaus den Schamhaften heiratete, bekam sie als Mitgift eine der Salzgruben in Marmarosz. In die Schacht dieser Salzgrube sollte sie ihren Verlobungsring eingeworfen haben. Als ihr Gefolge auf dem Wege nach Krakow Einkehr machte, ließ sie in Wieliczka einen Brunnen graben. Statt Wasser wurde dort Salz gefunden und in dem ersten Salzklumpen befand sich Kingas Verlobungsring. Seit der Zeit ist die Sel. Kinga die Schutzpatronin der Bergleute von Wieliczka. Der tatsächliche Verdienst Kingas ist aber wohl die Einführung einer planmäßigen Salzförderung und des königlichen Salzhandelmonopols.

Auf der Besichtigungsroute im Salzbergwerk treffen wir mehrere Kapellen an. Die in Salzfelsenschichten gehauene St. Anton-Kapelle in der ersten Sohle ist zwar schon sehr verkommen, doch immer noch sehr schön. Im J. 1698 wurden hier Messen zum Beginn der Schicht gelesen. In der Hl.Kreuz-Kapelle, die von einer gefährdeten Stelle auf die II. Sohle verlegt worden ist, befindet sich eine der wenigen Holzskulpturen, die den gekreuzigten Christus darstellt.

Von der sparlichen Flamme der Bergmannslampe beleuchtet, blieb das Innere des Salzbergwerks düster und geheimnisvoll, wodurch die Phantasie einen breiten Spielraum bekam, um alles rund herum mit Sagen zu beleben. Es sind also viele Sagen und Legenden entstanden, die

sich thematisch mit der Salzgrube verbinden. Bis heute gibt es Sagen von „Ihm", dem Schatzhüter, der auch die Bergleute beschützt. Ihm wurde auch eine Kammer auf der Touristenroute gewidmet.

Würde man die Kammer nachzählen, die von den vielen Generationen der Bergleute während der sieben Jahrhunderte ausgehöhlt wurden, so ergibt sich die Zahl von 2040 alten Zechen. Die gewaltige Größe der Salzgrube wird uns erst klar, wenn wir nach der Besichtigung erfahren, daß wir lediglich 3% der alten Zechen besucht haben.

Die ersten Pläne des Salzbergwerks wurden bereits im J. 1638 von Martin German angefertigt und von Wilhelm Hondius im J. 1645 mit Skizzen beschmückt. Dieses Werk ist eine reiche Informationsquelle über das damalige Salzbergwerk und die Arbeit der Bergleute. Man findet darin beispielsweise die „Teufelsfahrt" der Bergleute am Seil. Dies war ein Privileg der Älteren, die jungen Bergleute mußten Treppen und Leiter benutzen, um in das Bergwerk herunterzusteigen. Wir finden in der Urkunde auch die Förderungseinrichtungen, die von Pferden betrieben wurden. Im XVII. Jh gab es im Salzbergwerk von Wieliczka 100 Pferde. Sie arbeiteten in der Grube auch unter der Erde bis zum Jahre 1620.

Die Förderung vom Steinsalz war zwar eine gefährliche Arbeit, doch wurde das Leben der Bergleute auch vom Feuer, Wasser und Grubengas bedroht. Ununterbrochen müssen die Bergleute gegen Wasserausflüsse kämpfen, die schon vielmals sowohl die Salzgrube als auch die Stadt bedrohten. Die letzte Wasserkatastrophe im J. 1992 hat sehr große Schäden verursacht. Neulich gibt es in der Salzgrube über 250 Wasserausflüsse. Die Feuergefahr war vor allem in der Zeit sehr ernst, als die Grube noch mit offenem Feuer beleuchtet wurde. Dabei ist es zu beachten, daß Brände in einem Bergwerk nicht einfach zu löschen sind. Einer der größten Brände im Salzbergwerk von Wieliczka wucherte im J. 1644 acht Monate lang.

Große Probleme bereiteten die Luftzuführung und Bekämpfung des Methans, das man hier Salpeter nennt. Es wurden Pumpen und Bälge konstruiert, um das Bergwerk zu belüften und der Salpeter wurde von erfahrenen Bergleuten, die man „Büßer" nannte, ausgebrannt. Heutzutage wird das Bergwerk mittels drei Belüftungssysteme mit frischer Luft ausreichend versorgt.

Es wäre auch zu betonen, daß in der Salzgrube von Wieliczka ganz früh Gesellschaftsgruppen entstanden waren, die für das kapitalistische System charakteristisch sind. In der Salzgrube arbeiteten die Einwohner von Wieliczka, die in ziemlich zahlreichen Knappschaften vereint waren. Das Bergwerk stand unter der Leitung der Pächter und je nachdem gab es bessere und schlechtere Zeiten. Die Knappschaften kümmerten sich um das Wohl der Bergleute, doch kam es auch zu Meutereien im Salzbergwerk. Die größte von ihnen fand im J. 1690 statt, wurde vom Militär unterdrückt, danach erfolgten Gerichtsverhandlungen, Todesurteile und Prügelstrafen. Schon damals verfügten die Bergleute von Wieliczka über einen Streikfonds, was von einem hohen Organisierungsgrad dieser Arbeitnehmergruppe zeugt. Die gesellschaftlichen Phänomene in Wieliczka gehen ähnlichen Erscheinungen in Europa etwa 100 Jahre voraus.

Im J. 1978 wurde das Salzbergwerk in Wieliczka auf die erste UNESCO-Liste des Weltkultur- und Naturerbes eingetragen. Im J. 1994 wurde es kraft der Verordnung des Präsidenten der Republik Polen als Historisches Denkmal des polnischen Volkes anerkannt.

Besuchen Sie das Salzberwerk in Wieliczka und bewundern Sie dieses außergewöhnliche Werk des Menschen und Zeugnis seiner geistigen Größe, seines Muts, Fleißes und seiner Empfindlichkeit.

UNTERIRDISCHE STRECKEN, KAMMER UND SEEN

Die Spritzhöhle verdankt ihre phantastische Gestalt den Bergleuten, die Salz aus der Lagerstätte ausspülten

Die „Pieskowa Skała"-Kammer ist auf der Touristenroute die einzige Höhle, von der Salz mittels Keilhauen gefördert wurde. Das Salz wurde mit dem einfachsten, handgetriebenen Aufzugwerk, dem sog. Handkreuz (Foto links) transportiert

Jahrhundertelang wurde Salz in Wieliczka mit Keilhauen ausgehauen, in Fässe geladen und auf die Oberfläche transportiert

„Nosicze" (Träger) – waren diejenigen Bergleute, die Salz auf dem Rücken hinaustrugen. Sie wurden für sog. „Wege" („dróżki walackie") bezahlt .(Ein „Weg" betrug „gute 20 Schritte")

Die „Sielec"-Strecke – Pferde arbeiteten im Salzbergwerk von Wieliczka bereits seit dem XVII. Jh. Sie transportierten Salz auf den Strecken oder wurden in die Göpelwerke (Einrichtungen zum Aufzug) eingespannt

Ein Fragment der Erazm-Barącz-Kammer →

Der See und die Holzbalken betonen die Schönheit der Erazm-Barącz-Kammer. (E. Barącz war der Direktor des Salzbergwerks zur Zeit der Teilungen Polens)

Der gotische Stil des Holzbalkengewölbes der „Michałowice-Kammer" zeugt von der Meisterkunst der Zimmerer im Salzbergwerk →

„Józef-Piłsudski"-Kammer – wurde in zwei benachbarten Salzfelsen ausgehöhlt; die toten Schachteh verbindet ein See miteinander. Die korbartige Holzkonstruktion, die das Gewölbe stützt, wird sowohl von Ingenieuren als auch von einfachen Besuchern bewundert

Die „Weimar"-Kammer mit dem See ist eine der vielen Höhlen im Salzbergwerk, deren Größe (10 000 Kubikmeter) von der jahrhundertelangen Arbeit der Bergleute in Wieliczka zeugt

Das Bergwerk ist das Element der Erde. Die Holzstempel brechen unter dem orgogenetischen Druck zusammen und müssen nach mehr als zehn Jahren ausgewechselt werden

Einst wurde das Salzwasser mit Hilfe der hölzernen Entwässerungssysteme gewonnen. Heutzutage werden die Heileigenschaften des Salzwassers im unterirdischen Sanatorium (211m unter der Oberfläche) ausgenutzt

Die „Warszawa"-Kammer (125m unter der Oberfläche) kann etwa 1000 Personen unterbringen. Hier werden Kultur- und Sportveranstaltungen organisiert. In der benachbarten „Wisła"-Kammer kann man sich nach dem Spaziergang unter der Erde erholen, Souvenirs, Bücher und Sonderpoststempel erhalten

WERKE
DER BERGMANNSHÄNDE

Die Sel. Kinga-Kapelle (Foto auf der Rückseite) liegt 101m unter der Erde und ist ein im Salz gehauenes Meistertwerk der Bergleute aus Wieliczka, Gebr. Józef und Tomasz Markowski und Antoni Wyrodek. Die „Flucht aus Ägypten" (oben) und das „Wunder in Kana" sind Flachreliefs von Antoni Wyrodek. Der Hauptaltar mit der Skulptur der Sel. Kinga (rechts) wurde von Józef Markowski und seinen Mitarbeitern geschaffen

Die Sel. Kinga-Kapelle – Werke von Józef Markowski: der Seitenaltar (Herz Jesu), die Auferstehungskapelle (oben) und der „Gekreuzigte Christus" (das Werk bekam eine Auszeichnungin in der Pariser Ausstellung 1901). Hl. Barbara (unten)- die Schutzpatronin der Bergleute (durchsichtiges Salz aus Wieliczka)

Antoni Wyrodek wurde als einziger Bergmann-Bildhauer zum Studium an der Krakauer Akademie der Künste geschickt. Noch als Amateur schuf er das Flachrelief im Salz „Christus lehrt im Tempel” (oben) und sein professionelles Werk ist der „Ungläubige Thomas” (Flachrelief im Salz). (Foto unten)

Die Sel.Kinga-Kapelle – die Flachreliefs im Salz: „Herods Urteil" (oben) und „Der bethlehemitische Kleinkindermord" (unten) sind Werke des (jüngeren der beiden Brüder) Tomasz Markowski

Die Sel. Kinga-Kapelle- die Freskomalerei „Das letzte Abendmal” von Leonardo da Vinci wurde zum Vorbild für das Salzflachrelief von Antoni Wyrodek (das Relief war seine Diplomarbeit nach dem Studium). Die Krippe von Bethlehem (unten) wurde von Józef Markowski in Holz und Salz gehauen

Die Sel. Kinga-Kapelle – Salzskulpturen von Gebrüder Markowski: die Kanzel – Symbol des fortbestehenden polnischen Volkes und die Legende von der Entdeckung des Steinsalzes in Wieliczka. Salzskulpturen von Antoni Wyrodek (unten): ein Fragment der „Flucht nach Ägypten" und die Sel. Kinga

Die Nikolaus-Kopernikus-Kammer mit einer Skulptur von Wł. Hapek, die den großen polnischen Astronomen darstellt (oben)
Die „Janowice"-Kammer: „Große Legende" – eine Salzskulptur vom Bergmann Mieczysław Kluzek mit der Darstellung der Sage vom gefundenen Ring, der mit Salz aus Ungarn nach Wieliczka gelang

„Pokutnicy” (Büßer)- eine Skulptur vom Bergmann Mieczysław Kluzek – Darstellung der Bergleute, die im Salzlager Methan ausbrannten (oben und unten, links). Kazimierz Wielki-Kammer: Die Büste Kasimirs des Großen, des Schöpfers des ersten europäischen Bergrechts (1368); eine Salzskulptur von Wł. Hapek

St. Anton-Kapelle, in der die ersten Messen zum Beginn der Schicht bereits im J. 1698 gelesen wurden. Die Salzskulpturen, die von einem unbekannten Bergmann gehauen wurden, sind nach Jahrhunderten etwas verkommen

Die Hl. Kreuz-Kapelle mit der Holzskulptur ist die einzige Holzkapelle auf der Touristenroute (oben). Sie wurde von einer gefährdeten Sohle in eine sichere Stelle gebracht. Der Altar mit dem gekreuzigten Christus in der Margielnik-Kammer auf der Sohle III (dorthin wird die künftige Touristenroute führen)

Den jüngsten Touristen zuliebe wurden von dem Bergmann Stefan Kozik im J. 1963 Zwerge im Salz gehauen, die der Sage nach, den tüchtigen Bergleuten von Wieliczka zur Hilfe stehen

„Er" (der Schatzwächter der Salzgrube) beschützt die Bergleute und warnt sie vor kommenden Katastrophen. Salzskulpturen von den Bergleuten Mieczysław Kluzek und Antoni Cholewa

IM LANDE DES KRISTALLSALZES

Die Kristallgrotten werden wegen der Größe und Menge des Salzkristalle für das wertvollste mineralogische Überbleibsel aus der Miozänzeit in der Welt gehalten

Die Kristallgrotten befinden sich in der Salzscholle (die Lagerstätte liegt ca. 80m unter der Erde) und entzücken mit wunderschönen Salzkristallen, deren Kantenlänge bis 50cm beträgt

Wasser ist zwar das gefährlichste Element im Salzbergwerk, doch doch verdankt es gerade dem Wasser seinen herrlichen Schmuck. Die Entstehung verschiedenartigster Salzkristalle ist mit der Wasserwirkung verbunden

Orogenetische Bewegungen sind Ursache für die Entstehung wunderschöner Muster im Querschnitt der Lagerstätte von Wieliczka (oben); die Salzkristalle nehmen phantastische Formen, wie z.B. die „Kingas Haare" an

Die Salzstalaktiten und Stalagmiten verschmelzen binnen kurzer Zeit zu wunderschönen Stalagnaten

Photos mit Komputerbearbeitung:
© JANUSZ PODLECKI
in Zusammenarbeit mit:
LETTRA-GRAPHIC

Text:
© STANISŁAW ANIOŁ

Redakteur:
BARBARA ROBAK

Graphische Bearbeitung:
© MAGDALENA MICHALSKA

Deutsch:
SŁAWOMIRA KALETA-WOJTASIK

I. Auflage

ISBN 83-85204-50-4

WYDAWNICTWO „KARPATY" – ANDRZEJ ŁĄCZYŃSKI
30-074 Kraków, ul. Kazimierza Wielkiego 21, tel./fax (0-12) 633-62-13